青少年科学素养提升文库

启蒙科学：
趣味实验随手玩

初阶

马立涛　赵晋锋　编著

江苏省青少年科技中心
江苏省科普服务中心
江苏省青少年科技教育协会　组织编写
江苏省学会服务中心

南京大学出版社

图书在版编目（CIP）数据

启蒙科学：趣味实验随手玩. 初阶 / 马立涛，赵晋锋编著. -- 南京：南京大学出版社，2025. 4. --（青少年科学素养提升文库）. -- ISBN 978 - 7 - 305 - 28987 - 3

Ⅰ. N33 - 49

中国国家版本馆 CIP 数据核字第 20255J62K5 号

出版发行	南京大学出版社		
社　　址	南京市汉口路 22 号	邮　　编	210093
丛 书 名	青少年科学素养提升文库		
书　　名	启蒙科学：趣味实验随手玩（初阶）		
	QIMENG KEXUE：QUWEI SHIYAN SUISHOU WAN（CHUJIE）		
编　　著	马立涛　赵晋锋		
策划编辑	苗庆松		
责任编辑	刘　琦	编辑热线	025 - 83621412
照　　排	南京开卷文化传媒有限公司		
印　　刷	常州市武进第三印刷有限公司		
开　　本	787 mm×1092 mm　1/16　印张 9.5　字数 70 千		
版　　次	2025 年 4 月第 1 版　2025 年 4 月第 1 次印刷		
ISBN 978 - 7 - 305 - 28987 - 3			
定　　价	35.80 元		

网　　址：http://www.njupco.com
官方微博：http://weibo.com/njupco
微信服务号：njuyuexue
销售咨询热线：（025）83594756

编审委员会

主　任

李　莹　　吉春鹏

副主任

刘春祥　　陶亚虎

成　员

宋馨培　　李　李　　徐筱燕

刘天源　　苏　洁　　吉　人

高　严　　黄海军　　黄业举

编者的话

未来的社会需要什么人才呢，科技人才无疑是需要的。我们的孩子要适应这个社会，需要具备探究能力、动手能力、实践能力、创新能力。培养这些能力的前提，是让孩子具备学习的兴趣，对世界充满好奇心，能够自主地学习。教育家苏霍姆林斯基说过："有了兴趣才会去探索，去研究，去发现，去思考……"

如何培养孩子对科学的兴趣呢？很简单，给孩子一本有趣的科学实验书，通过亲手实验，感受科学的神奇，孩子就会轻松爱上科学。

爱迪生9岁时，妈妈送给他一本科学实验的书，爱迪生从此迷上了神奇的科学世界。他在地窖里建立了自己的科学实验室，把书中的实验都做了一遍，充分享受到了科学实验带来的乐趣。爱因斯坦5岁时，爸爸送给他一个小小的指南针。不管他如何转动身子，那根细细

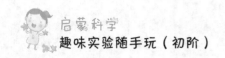

的红色磁针总是顽固地指向北方。他对此感到十分惊奇，第一次知道有一种力量，眼睛看不见，手也触摸不到，却真实地存在着。

一本科学实验书，一个小小的指南针，唤起了爱迪生和爱因斯坦的好奇心。而这种好奇心，正是萌生科学思想的幼苗。在许多科学家的回忆录里，他们都对自己年少时玩的一些科学小实验记忆犹新，认为正是这些小实验让自己爱上科学，走上科学之路。本书适合小学生使用（实验很有趣，有兴趣的中学生也可一试），并根据不同年级所需要掌握的科学知识点，将实验分为了初阶版和进阶版。初阶版适合低年级孩子阅读，进阶版适合中高年级孩子阅读。当然，科学实验并没有严格的年龄划分，只要孩子喜欢，中高年级孩子可以阅读初阶版，低年级孩子也可以阅读进阶版。

本书介绍的科学实验，涉及物理、化学、生物等学科的相关知识。实验所需器材简单易寻，几乎都能在身边找到。实验操作也较为简单，孩子们大部分可以独立完成，有些实验还可以邀请小伙伴一起完成。希望这些实验能够让孩子进入神奇有趣的科学世界，体验科学的

神奇魅力。

为了增加实验的趣味性，每个实验由两名小学生的对话引出。其中，甄知是一名小学五年级女生，她的眼睛就像是小小的探测器，总能在日常的点滴中发现科学的奥秘。校园和家中的每个角落，都是她的实验室。甄理是甄知的弟弟，一名二年级的小男生，简直就是个活脱脱的好奇宝宝和行动派。他的小脑瓜里装满了"为什么"，对世界充满了无限想象与探索欲。希望每个小读者都能成为像甄知、甄理一样的孩子，对世界充满好奇心和探索欲。

在本书付梓之际，要感谢南京大学出版社苗庆松编辑的大力支持！同时也对本书编写过程中提供支持帮助的人员，致以最诚挚的感谢！

【微信扫码】
部分实验小视频

目　录

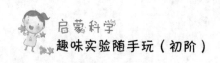

力的挑战

魔法磁力吸

欺骗眼睛的光

声音的奥秘

捣乱的静电

魔法火焰

发生了变化

我们的身体

神秘的空间

神奇的空气力量

1 玻璃瓶"吃"鸡蛋

甄知：看，这里有一个肚子饿了的玻璃瓶呢，让我们剥一个鸡蛋给它"吃"吧。

甄理：怎么可能有会饿的瓶子呀？

甄知：嘻嘻，当然有啦。快来看这个实验！

先来做点准备工作吧

1个玻璃瓶、1个熟鸡蛋

开始行动吧

1 把煮熟的鸡蛋剥去蛋壳。

2 往玻璃瓶中注入少量热水，摇一摇。玻璃瓶被加热后，把热水倒掉。

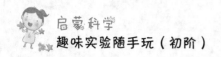
3 迅速用鸡蛋堵住玻璃瓶的瓶口。

小提示

操作过程要小心哦，防止被热水烫伤，或因玻璃瓶炸裂被刺伤。

小技巧

选取的鸡蛋不能太小，也不能太大，比玻璃瓶口略大即可。

如果步骤3的实验时间过长，可以把玻璃瓶泡在冷水里。

观察现象

玻璃瓶把鸡蛋慢慢"吞"了下去。

博士揭秘

是什么力量让瓶子"吞"鸡蛋呢？

原来是它——空气。

玻璃瓶中的空气受热后体积变大，部分气体排出瓶外，瓶中的水蒸气也排走部分空气。在瓶口放上鸡蛋后，鸡蛋把瓶口密封起来。密闭的瓶子温度逐渐降低，水蒸气凝结成了水，瓶内气压下降，瓶外的大气压就把鸡蛋压进瓶子里了。

2 🚀 倒不出来的水

甄知：你相信吗，我能把水倒入杯子中，而且怎么倒都不会溢出来。

甄理：怎么可能，杯子里的水满了自然会溢出。

甄知：你不相信？那我们试试看。

🪐 先来做点准备工作吧

1个空酒瓶、1个大玻璃杯、水

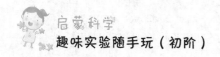
✵ 开始行动吧

1 将空酒瓶中注满水。

2 将酒瓶垂直倒立，将瓶口放入玻璃杯里面，向玻璃杯中倒水。

观察现象

瓶中的水还有一些时，就会自动停止流出来。

博士揭秘

是什么导致了水不会溢出呢？

是大气压的力量。瓶中水的重量加上瓶中空气所产生的压力等于外部大气压力，两者达到了平衡，因此水就不会流出来了。

小拓展

这个实验的原理常被应用在宠物用的自动给水装置上。小动物从盘子里喝掉一些水，瓶内就会流出一些水来补充被喝掉的。

3 🚀 空气"保镖"

甄知：快来看！空气是我手里这张纸的"保镖"哦。当我把这张纸放入水中时，它能保护纸张不被水浸湿。

甄理：这怎么可能呢？我不相信！

甄知：不信？那我们来试试看。

🪐 先来做点准备工作吧

1 张纸、1 个小玻璃杯、1 个能浸没玻璃杯的水盆

⚛ 开始行动吧

1 将纸揉成一团，塞入玻璃杯底部，压实，保证翻转杯子后纸团能留在杯底。

2 将杯子翻转过来，杯口朝下，垂直放入装满水的盆中，让整个杯子全部浸没在水中。

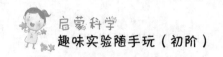

小提示

当杯子完全浸没在水中后，尽量保持杯子稳定，不要晃动，以免破坏杯内空气的密封状态。

观察现象

10秒钟后，将杯子从水中拿出来，取出纸团。纸团虽置于水中，却一点也没有被水浸湿。

博士揭秘

杯中的纸为什么没有被水浸湿呢？

这是因为杯子被垂直放入水中后，杯内的空气无法逸出，被水不断压缩，气压不断变大，最后气压和水压平衡，空气体积不再变化，所以纸团不会被水浸湿。

小拓展

在水下呼吸机出现之前，人们常常借助潜水钟探索水下世界。潜水钟就是利用了上述的实验原理，潜水者头上的钟状容器内有空气，可以为水下活动提供氧气。

4 🚀 吹出一个小喷泉

甄知：你喜欢看喷泉吗？

甄理：喜欢呀。

甄知：那我给你展示一个喷泉表演怎么样？

甄理：真的吗？太好了！

🪐 先来做点准备工作吧

1个大可乐瓶、2根吸管（1根可弯曲）、1盒面巾纸、水

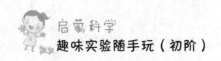

❊ 开始行动吧

1 往大可乐瓶内装入大半瓶的水，将一根吸管插入水中，另一根可弯曲的吸管也插入瓶内，但不要接触水面。

2 将面巾纸浸湿后塞住瓶口，以固定吸管，使可乐瓶呈密封状态。

3 用力吹弯曲的吸管。

❦ 小提示

水不宜太满，大半瓶即可。可乐瓶一定要密封，防止气体逸出。

❦ 观察现象

水像喷泉一样从另一根吸管中喷出来。

❦ 博士揭秘

喷泉是怎么产生的呢？

这是由于用弯曲的吸管向瓶内吹气时，瓶内气压变大，挤压水从另一根吸管喷出，从而形成了喷泉。

5 🚀 不听话的纸

甄知：我用力朝一张纸吹气，它就会顺着吹气的方向飞走。如果我朝着两张纸中间吹气，它们会分开吗？

甄理：肯定会分开啊。

甄知：这可不一定哦。它们不但不会分开，还会靠得更近。

甄理：真的吗？快给我看看！

🪐 先来做点准备工作吧

2 张纸

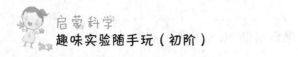
✿ 开始行动吧

1 将两张纸以相对面平行的方式拿在手上，相距 6 厘米左右。

2 用力向两张纸的中间空隙处吹气。

🧬 小提示

确保两张纸平行且相距适中，距离不能太远。

🧪 观察现象

这两张纸不仅不会分离，反而靠得更近。你越用力吹气，两张纸就会靠得越近。

🧠 博士揭秘

造成这种现象的原理是什么呢？

那就是著名的伯努利原理：在气流或水流里，如果速度小，压强就大，如果速度大，压强就小。用力向两张纸中间吹气时，这里的空气流速变大，压强变小，在纸张外侧的气压挤压下，两张纸就会相互靠近。

伯努利原理是 1726 年由丹尼尔·伯努利提出的。

6 🚀 被困住的乒乓球

甄知：看，这里有一个乒乓球，我能让它悬浮在空中，并且让它向左它就向左，让它向右它就向右。

甄理：这怎么可能？

甄知：那就给你看看吧。

🪐 先来做点准备工作吧

1个电吹风、1只乒乓球

⚛ 开始行动吧

1 打开电吹风，将风速调至最大，让它竖直向上吹。

2 小心地将乒乓球放在风口上方，它会悬浮在空中。

3 将电吹风慢慢地向左侧稍微倾斜，然后再向右侧稍微倾斜。

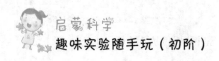
小提示

电吹风的风力不能太小。

将乒乓球放在风口上方时，要小心轻放，找到平衡点。

向左右倾斜电吹风时，要缓慢，速度不能太快，幅度也不能太大。

观察现象

乒乓球会跟着电吹风的气流悬浮在空中，仿佛被空气困住一样。当电吹风缓慢倾斜时，乒乓球会随着向左或者向右移动。

博士揭秘

是什么导致了乒乓球悬浮不落呢？这个实验现象可以用伯努利原理来解释。电吹风吹出的气体流速快，压强小，周围的空气压强大，这就将乒乓球牢牢"困"在风里面了。

7 　🚀　飞机飞行的小秘密

甄知：你有没有想过，那么重的飞机，为什么能够载着我们在天空飞行而不掉下来呢？

甄理：没想过。是很奇怪，我想不出来。

甄知：其实，这个问题的答案就藏在这张薄薄的纸条里。

甄理：是吗？那快演示给我看看！

🪐 先来做点准备工作吧

1 张薄纸、1 把剪刀

⚛ 开始行动吧

1 将薄纸剪成长方形纸条，如长 15 厘米，宽 4 厘米。

2 把纸条的宽边一端放在下嘴唇位置上，开始用力向下吹纸条。

小提示

初次尝试时可能无法立即观察到明显的现象，可以多试几次，调整吹气的力度和角度。

尽量选用质地轻盈的纸张，这样可以更清晰地观察到实验现象。

吹气时要保持力度适中且稳定，避免用力过猛或忽大忽小，这样有助于观察稳定的气流对纸条的影响。

观察现象

当你向下吹纸条时，纸条会向上飞起来。

博士揭秘

根据伯努利原理，把薄纸放在嘴边用力一吹，吹气产生的气流会降低薄纸上面的气压，薄纸下面的气压就把薄纸向上托起。

这个实验也解释了飞机为何会飞起来：当飞机起飞时，由于机翼上下不同的形状，机翼上面的空气比下面流动得快，机翼上方的气压低于下方的气压，所以飞机被下方的气压托起来了。

8 🚀 隔物吹蜡烛

甄知：如果有一个长方体的物体挡在蜡烛前面，我们能从正面吹灭蜡烛吗？

甄理：应该不可以。

甄知：那如果我把长方体换成圆柱体呢？

甄理：那应该也不可以吧？我不太确定。

🪐 先来做点准备工作吧

1 根蜡烛、1 个长方体纸盒、1 个圆柱形玻璃瓶、1 盒火柴（或打火机）

✳️ 开始行动吧

1️⃣ 点燃蜡烛，固定在桌子上。

2️⃣ 将方形纸盒放在蜡烛正前方，用力朝着纸盒吹

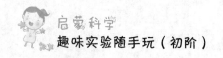

气，蜡烛保持燃烧。

3 将圆柱形玻璃瓶放在蜡烛正前方，用力朝着玻璃瓶吹气。

🧬 小提示

使用火烛时要小心，确保周围没有易燃物品，并需要在成人的监护下进行实验。

⚗️ 观察现象

当向圆柱形玻璃瓶吹气时，躲在玻璃瓶后面的蜡烛熄灭了。

🧠 博士揭秘

吹出的气流，遇到长方形纸盒后，会沿其表面向左右和上下方向流动，无法吹灭蜡烛。而当气流遇到圆柱形的玻璃瓶后，气流会沿着圆柱形的玻璃瓶身向前继续流动，绕过瓶子后重新合成一股气流，将蜡烛吹灭。

⚗️ 小拓展

狂风大作时，躲在圆柱形物体后面避风，效果往往不明显。

9 🚀 没有"炮弹"的大炮

甄知：大炮的威力主要靠什么决定？

甄理：肯定靠炮弹啊！

甄知：这可不一定哦。今天我们制作一个没有"炮弹"的大炮，怎么样？

甄理：那快教教我怎么做吧！

🪐 先来做点准备工作吧

1个纸杯、1个气球、1张纸、1卷胶带、1把剪刀、1支蜡烛、1盒火柴（或打火机）

⚛ 开始行动吧

1️⃣ 将纸杯杯底剪掉。

2️⃣ 将气球从中间剪开，把气球皮套在纸杯杯底，用胶带粘牢，气球皮呈紧绷状态。

3️⃣ 用纸盖住纸杯杯口，

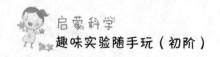

并用胶带固定住。

4 用剪刀在纸张中间剪一个小孔，小孔直径为1～2厘米。

5 点燃蜡烛。

6 将纸杯有孔的一端对准烛火，用手拉紧气球皮，接着松开手。

🧬 小提示

本实验涉及烛火，请孩子在成人的监护下进行。

🧪 观察现象

当松开气球皮后，没有"炮弹"的大炮会立即将烛火熄灭。

👤 博士揭秘

拉紧气球皮的手突然松开，纸杯中的空气体积在一瞬间变小，空气被挤压，部分空气通过小孔快速冲出，产生强大的冲击力，将蜡烛扑灭。

10 🚀 吸管有气功

甄知：硬的物体能轻松插入软的物体，那么，你见过软的物体插入较硬的物体吗？

甄理：让我想想，好像没有看过。

甄知：今天我们就用较软的吸管和较硬的苹果试一试，看看吸管能否插入苹果。

甄知：好啊！

🪐 先来做点准备工作吧

1个苹果、2根塑料吸管

✳ 开始行动吧

1 尝试用1根吸管插向苹果，你会发现，无论是慢慢地插，还是迅速地插，吸管都会弯折。

2 用大拇指和中指捏住吸管的中间部位，食指堵住

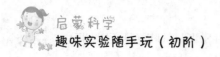

上吸管口，然后快速插向苹果。

小技巧

堵住吸管口后，快速、有力地插向苹果，实验更容易成功。

观察现象

当用食指堵住吸管口后，吸管可以轻松插进苹果里。如果力气大的话，吸管甚至会插穿苹果。

博士揭秘

是什么力量使吸管可以插入苹果中呢？

这是因为当手指堵住吸管口时，吸管内的空气被隔绝，无法逸出。当吸管插入苹果时，吸管内部空气被压缩，气压变大，致使吸管硬度变强，就能轻松插入苹果中了。

小拓展

也可以用马铃薯、胡萝卜等果蔬代替苹果哦。

平时喝酸奶时，如果吸管插不进去，也可以用这个方法试试。

11 太阳"热气球"

甄理：热气球真是太神奇了！是什么原因让它飞到天上去呢？

甄知：今天阳光明媚，气温高，我们可以自己制作一个热气球，让你研究研究它是怎么飞起来的。

甄理：太好了！

先来做点准备工作吧

1个黑色的大塑料袋、1根细长绳

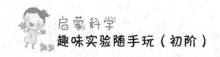

✿ 开始行动吧

1 找个阴凉的地方，把黑色塑料袋抖开，使它内部充满空气。

2 用细绳把塑料袋口系紧。

3 找一个阳光充足的地方，把塑料袋系在某个固定的物体上，然后耐心等待。

小提示

一定要选择黑色或者颜色较深的大塑料袋，这样可以更有效地吸收阳光中的热量。

观察现象

耐心等待一段时间，黑色塑料袋在阳光照射下，会慢慢升起来。

博士揭秘

黑色塑料袋为什么能够慢慢升起来？

这是因为黑色塑料袋易吸收阳光中的热量，升温较快。塑料袋内部的空气因温度升高，密度变小，体积变大，受到外面空气的浮力变大，所以会慢慢升起来。

12   硬币跳起来

甄知：看，这里有一枚硬币。我有办法能让它自己跳起来。

甄理：是吗？真的能让硬币自己跳起来？

甄知：当然可以呀，我们来一起做这个实验吧。

先来做点准备工作吧

1个细口的玻璃瓶、1枚1元硬币

开始行动吧

1 将玻璃瓶放在冰箱中冷冻1个小时。

2 取出玻璃瓶，放在桌子上。

3 将1元硬币放在瓶口，使其堵住瓶口。

4 双手用力握住玻璃瓶。

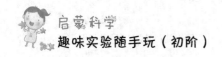
小提示

在做这个实验时，手要尽量热，可以先将手在热水中泡一会儿。

为了防止硬币从瓶口掉下来，可以用胶带将硬币的半边粘贴在瓶口上。

小技巧

可以用水浸湿硬币，让它和瓶口的接触更紧密。

观察现象

在没有任何碰触的情况下，硬币自己跳了起来，并且可以反复地跳好几次。

博士揭秘

硬币为什么能跳起来？

这是因为玻璃瓶从冰箱里取出时，瓶子本身和瓶里空气的温度都非常低。当温暖的双手握住瓶子时，瓶子表面的温度上升，瓶内的空气受热膨胀，膨胀的空气往上升，推动瓶口的硬币跳了起来。当硬币再次盖住瓶口时，同样的现象还会反复发生。

13　轻松开瓶盖

甄知：这瓶黄桃罐头看着好诱人啊！

甄理：是的，我也想吃呢。

甄知：我来把盖子拧开吧。哎呀，太紧啦！

甄理：不能用蛮力，咱们得想点窍门。

先来做点准备工作吧

1瓶拧不开瓶盖的玻璃罐头、1条毛巾、1个水盆、热水

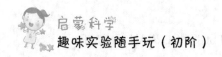

✲ 开始行动吧

1 向水盆中倒入半盆热水，然后将玻璃罐头瓶口朝下放到热水里。

2 等待 30 秒钟，将玻璃罐头从热水里拿出来。

3 用毛巾裹住玻璃罐头的瓶口，用力拧一拧。

⚘ 小提示

水温不要太高，以免烫伤。

🧪 观察现象

用毛巾裹住玻璃罐头的瓶口，用力一拧，瓶盖就可以打开了。

🧠 博士揭秘

不同物体在高温下的膨胀速度不同，金属比玻璃的膨胀速度快。将玻璃瓶口放入热水中，玻璃瓶的瓶盖膨胀速度大于玻璃瓶自身的膨胀速度，我们就能够轻松地打开瓶盖了。

很多罐头食品是经过热加工后被封装的，当罐内空气变冷后，瓶内气压变低，也会导致瓶盖难以拧开。把罐头瓶浸入热水中，罐内温度升高，瓶内气压变大，瓶内外的气压差减小，也能让瓶盖轻松被拧开。

14 针扎气球不会爆

甄理：呜呜呜……今天我把气球带出去玩，突然气球碰到树枝就爆了，气球皮都炸到手了，好疼啊！

甄知：我有个办法，可以让气球被扎破了也不爆炸。

甄理：还有这个好办法？

甄知：是呀，我们来试试看吧。

🪐 先来做点准备工作吧

1 只气球、1 根细针、1 卷透明胶带

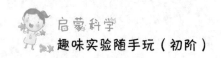

❋ 开始行动吧

1 给气球充气，将气球吹得尽可能大。

2 在气球任意位置上贴一小块透明胶带。

3 拿细针从气球上的胶带处刺进气球里。

观察现象

气球会发出"嗞嗞"的气体泄漏声，但不会爆炸。

博士揭秘

气球吹大后，气球的橡胶表皮处于紧绷状态。当针扎入气球，气球内的空气从针眼外泄，针眼周围的表皮开裂，导致气球爆炸。但贴上透明胶带的部位变得结实，针眼周围的气球皮不再开裂，所以气球只会漏气，不会爆炸。

不一样的水

15 🚀 神奇的回形针

甄知：你看，这杯水已经满了吧？

甄理：是啊，你想做什么？

甄知：我现在向这杯水里放入回形针，你猜猜，我能放多少个但不会使水溢出来？

甄理：杯子里的水已经满了，放入回形针，我猜水马上就会溢出来。

甄知：让我们试试吧。

🪐 先来做点准备工作吧

1 只玻璃杯、一些回形针、水

⚛ 开始行动吧

1 向玻璃杯中注水，直到杯

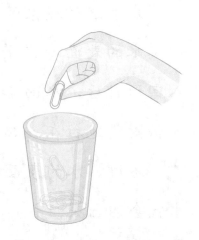

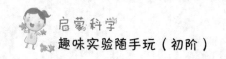

子盛满水，但水不会溢出来。

2 小心地将回形针一枚一枚放到水杯里。记录放下的回形针的数量，1枚、2枚……

小提示

在实验时，要注意玻璃杯口不要沾水，否则实验会失败。

小技巧

在放置回形针时，要小心轻放，避免对水面产生过大的冲击。

观察现象

随着回形针的放入，玻璃杯的水面会向上鼓起来，高出杯口，但水却不会溢出来。

博士揭秘

发生这种现象的原因是什么呢？

水的表面存在着一股收缩的力，叫作表面张力。放入回形针后，水面渐渐鼓起来，但水的表面张力将水分子仍紧紧地拉在一起，所以，水不会从杯口溢出来。

不过，水的表面张力是有限的，当超过一定限度后，水就会溢出来。

16 🚀 回形针魔法消失

甄理：水的表面张力的实验真有趣，还有类似的实验吗？

甄知：验证表面张力的实验很多。今天，我们做一个破坏表面张力的实验，怎么样？

甄理：太好了！

🪐 先来做点准备工作吧

1只水盆、2枚回形针、洗涤剂

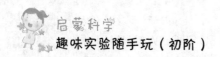

❈ 开始行动吧

1 用盆子装半盆水，小心地将 2 枚回形针放在水面上，让它们保持漂浮状态。

2 向水中滴入几滴洗涤剂。

❧ 小提示

加入洗涤剂时，不需要一次性加入太多，通常加几滴就可以了。

⚗ 观察现象

向水中滴入洗涤剂时，回形针立刻沉入水底了。

◉ 博士揭秘

由于水的表面张力作用，回形针能够漂浮在水面上。

加入洗涤剂降低了水分子排列的紧密度，破坏了水的表面张力。水的表面张力被破坏后，回形针就会沉入水底。

17 🚀 水中旋转的纸蛇

甄理：姐姐，你在剪什么？

甄知：我在剪一条纸蛇。

甄理：剪纸蛇，是不是做实验用啊？

甄知：真聪明，猜对了。今天我给你演示一下，纸蛇会在水面自动旋转。

甄理：哇，这真的是太神奇了！

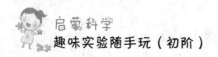
先来做点准备工作吧

1支铅笔、1张硬纸、1把剪刀、1块肥皂、1个水盆、水

开始行动吧

1 用铅笔在硬纸上画一条盘着的蛇，然后用剪刀把它剪下来。

2 在纸蛇的尾部剪一个小缝，把一小块肥皂夹在上面。

3 向水盆中注入半盆水，把纸蛇放进水中。

观察现象

当把纸蛇放入水中后，它会在水中不停地旋转。

博士揭秘

纸蛇为何会在水中旋转呢？这和水的表面张力有关。

蛇尾的肥皂能使附近水的表面张力变小，而纸蛇外侧水的表面张力没有变化，所以纸蛇外侧的表面张力拉动纸蛇旋转起来。

18 净水纱布

甄理：姐姐，我今天在院子里玩泥巴时，发现了一种净化水的方法！

甄知：能演示给我看看吗？

甄理：当然可以。

先来做点准备工作吧

1块纱布、2只玻璃杯、水、泥沙

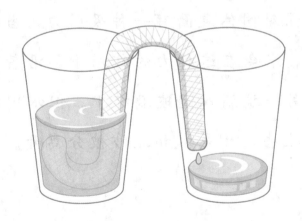

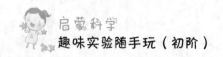
开始行动吧

1 向一只玻璃杯中加入适量的水和泥沙，搅拌成一杯泥水。

2 把纱布卷成长条状，一端浸泡在泥水中，一端放进另一只空玻璃杯中。

观察现象

泥水中的水沿着纱布慢慢爬升，从纱布另一端滴入空玻璃杯中。这些水干净澄清，没有一点泥沙。

博士揭秘

纱布吸水是一种毛细作用。

液体表面对固体表面有一种吸引力，当纱布一端浸泡在泥水中，水会在这种力的作用下，沿着纱布中的纤维爬升，从另一端滴入空玻璃杯中。但水中的泥沙无法被纱布吸附上去，于是水和泥沙被分离开。这样，水就被净化了。

19 🚀 鸡蛋浮上来

甄知：如果我把一个生鸡蛋放进水里，它会沉下去还是浮上来？

甄理：这个实验我做过，会沉下去。

甄知：那你想过如何让鸡蛋浮上来吗？

甄理：我还没有好的办法，你能告诉我吗？

🪐 先来做点准备工作吧

1只生鸡蛋、1只玻璃杯、1把小勺子、盐、水

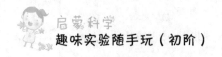

❁ 开始行动吧

1 往玻璃杯里倒入大半杯水，把鸡蛋放入杯中，鸡蛋很快沉入水底。

2 用小勺子向水中逐步加入盐，并不断搅拌均匀。

❋ 小提示

向水中加盐时，要注意控制盐的用量。可以逐渐增加盐的用量，并不断搅拌。这样可以避免浪费，并且可以更好地观察鸡蛋浮起的过程。

❋ 观察现象

随着盐不断地加入，鸡蛋会慢慢浮出水面。

❋ 博士揭秘

鸡蛋为什么会浮出水面呢？

原来，鸡蛋的沉浮与水溶液的密度有关。对于沉入水中的鸡蛋来说，水溶液的密度越大，其所受浮力越大。向水中加入盐后，水溶液的密度逐渐增大，鸡蛋所受浮力随之增大。当盐水溶液的密度大于鸡蛋的平均密度时，鸡蛋就会慢慢上升，浮出水面。

20 冰块"太空漫步"

甄知：我想起一个有趣的实验，可以让冰块在水和油的交界处漂浮，这仿佛在太空漫步。

甄理：这么神奇呀！那我们快来试一试吧。

先来做点准备工作吧

1 只玻璃杯、2 块冰、水、油

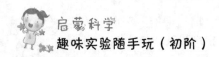

❋ 开始行动吧

1 向玻璃杯中倒入半杯水。

2 再向玻璃杯中倒入半杯油，油和水分为上下两层。

3 把 2 个冰块放进杯子里。

观察现象

冰块会悬浮在水和油的交界处。

博士揭秘

冰块悬浮在水和油的交界处，这是什么原因呢？

油和水不能互溶，而油的密度小于水的密度，所以油会浮在水的上面。冰的密度介于水的密度和油的之间，所以它会浮在水和油的交界处，既不沉入水底，也不浮出油面。

21 风儿吹来好凉爽

甄理：今天好热啊！

甄知：是啊，风扇吹出来的都是热风。

甄理：有什么方法可以让热风变凉爽呢？

甄知：问得好！还真有个办法。看我来给你制造些凉风送爽。

🪐 先来做点准备工作吧

1 台电风扇、1 块毛巾、1 个毛巾架、水

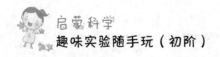
✵ 开始行动吧

1 将毛巾放在水中浸湿，稍微拧干，尽量不要让水滴到地板上。

2 将湿毛巾挂在毛巾架上，放在电风扇前。

3 打开风扇，感受下现在风扇吹出来的风是什么温度。

观察现象

从风扇里吹出的风变得凉凉的，吹在身上让人无比惬意。

博士揭秘

水蒸发时需要吸收周围的热量。毛巾上的水蒸发时，会从电风扇吹来的空气中吸收许多热量，从而降低空气的温度。因此，我们感觉吹过来的风变凉了。

酷夏时节，往门口洒点水会让我们感觉比较凉快，就是这个原因。

力的挑战

22 🚀 图书"粘"住了

甄知：如果不借助胶水等物品，两本书能粘在一起吗？

甄理：肯定不可能。

甄知：我给你两本书，你帮我分开好吗？

甄理：好啊！我来试试。

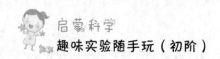
🪐 先来做点准备工作吧

2 本图书

⚛ 开始行动吧

1 将 2 本页码和尺寸差不多的图书每隔一两页相互交叉叠在一起。

2 抓住两本图书的书脊，用力沿水平方向拉，尝试将两本图书分开。

🧪 观察现象

两本书仿佛"粘"在一起了。无论如何用力，也无法把两本书分开。

🧠 博士揭秘

为什么无法把这两本书拉开呢？

外界大气压力会使纸和纸紧贴在一起。纸和纸之间存在摩擦力，虽然每两张纸之间的摩擦力并不算大，但所有的纸张之间所产生的摩擦力却很大。一个人的力量是无法分开这两本书的。

23 筷子"钓"米瓶

甄知：弟弟，你又玩米了！大米是用来吃的，不是用来玩的！

甄理：不是，我正在用大米做实验呢。

甄知：哦？用大米也能实验吗？

甄理：是啊，我正在用筷子"钓"米瓶。

先来做点准备工作吧

1个瓶口较窄的玻璃瓶、1根筷子、大米

开始行动吧

1 将玻璃瓶装满大米。

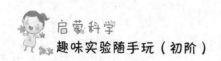

2 将筷子深深地插入米中，用手把筷子周围的米用力压一压。

3 向米瓶中加入少量水，等待片刻。

4 轻轻提起筷子。

小技巧

选择瓶口较窄的瓶子，可以更容易将米瓶"钓"起来。

在"钓"起米瓶时，动作要轻缓，避免突然用力。

观察现象

米瓶紧紧"咬"住筷子不松口，被筷子"钓"了起来。

博士揭秘

装满米的玻璃瓶为什么会被一根细细的筷子轻松吊起呢？

这是因为玻璃瓶内塞满了米，加入水后米粒膨胀，米粒与米粒之间、米粒和筷子之间产生了较大的静摩擦力，这个静摩擦力大于米瓶的重力，所以米瓶被拎了起来。

24 🚀 转动水桶不洒水

甄知：你这是要做什么呀？

甄理：我在设计一个神奇的实验——即使把水桶倒过来，里面的水也不会流出来！

甄知：这也太神奇了吧？

甄理：其实这个实验很简单，不过我要到室外的草地上去做。

🪐 先来做点准备工作吧

1 根绳子、1 个塑料水桶、水

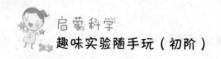
✵ 开始行动吧

1 将绳子系在塑料水桶的拎手上。

2 向水桶内注入少量的水。

3 抓住绳子，来回摆动水桶，使它像钟摆一样左右运动，接着逐渐加大摆动幅度，最后，牵引绳子让水桶做圆周运动。

🔬 小提示

水桶中加入少量水即可，不要装得太满。

🧪 观察现象

水桶在做圆周运动的过程中，即使口朝下时，水也不会从水桶中流淌出来。

🧠 博士揭秘

是什么导致了这个现象呢？

水桶在做圆周运动过程中，形成一种离心力，离心力作用于水桶内的水上，使水紧贴在水桶底部。当水桶处于口朝下的位置时，离心力大于重力，因此水就不会流淌下来了。

25 🚀 马铃薯与薄纸

甄知：这把刀真锋利，切马铃薯真快！考考你，刀为什么能切开马铃薯？

甄理：那是因为刀是不锈钢做成的，硬度比马铃薯大。

甄知：如果我用纸张把刀包住切马铃薯，你觉得是马铃薯被切开，还是纸张被切开？

甄理：这个我不太确定，让我们试试看吧。

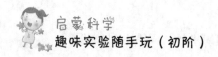

先来做点准备工作吧

1 把水果刀、1 张纸、1 个马铃薯

开始行动吧

1 将纸对折后包住水果刀的刀刃，刀刃对着折痕处。

2 把马铃薯放在桌上，用包住刀刃的水果刀用力切马铃薯。

小提示

选择一张稍厚且质地坚韧的纸张。如果没有马铃薯，也可以用苹果、梨子等水果代替。

观察现象

马铃薯被切成两半，裹在刀刃上的纸却丝毫无损。

博士揭秘

刀既能切开纸，也能切开马铃薯，但马铃薯对刀刃的阻力要小于纸张纤维对刀刃的阻力，所以马铃薯被切开了，而纸张却完好无损。

26 🚀 坚固的纸桥

甄知：我想用一张纸制作桥，你觉得它能承重多少？

甄理：纸那么软，我觉得承重很小。

甄知：如果设计合理，我觉得它可以承载一个玻璃杯的重量。

甄理：我不相信，除非你演示给我看。

🪐 先来做点准备工作吧

3 只玻璃杯、2 张较厚的打印纸

⚛ 开始行动吧

1️⃣ 将 2 只玻璃杯并排放在桌子上，将一张纸平铺在两只杯子上搭成一座纸桥。

2️⃣ 将 1 只玻璃杯小心地放在纸桥的中间位置，结果纸桥无法承受杯子的重量，杯子和纸一起掉了下来。

3️⃣ 将另一张纸折成纸

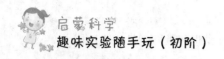

扇的形状，注意每条褶的宽度尽量相等。

4 将折好的纸扇放在两个玻璃杯上，然后将玻璃杯放在纸桥的中间位置。

小提示

使用较厚且质地坚韧的纸张。

将杯子放在纸桥上时，要轻放并确保杯子与纸桥接触稳固。

观察现象

杯子稳稳地立在纸桥上。

博士揭秘

把杯子放在平整的纸上，其重量就集中在杯底那部分纸面上，所以纸无法托住杯子。当纸被折出许多褶后，杯子的重量就会分散到纸的多条纸壁上，因此不会掉下来。

小拓展

这种结构在日常生活中有着广泛的应用。纸板箱是用两张平纸板夹着一张打褶的纸板做成的，这样更加结实。建筑上经常使用"工"字形钢梁，这种钢梁的强度可以媲美实心圆钢，却极大地降低了建筑物的重量。

27 🚀 橡皮平衡器

甄理：姐姐，你看这个平衡鹰多好玩啊，无论它的嘴巴放在哪里都能平衡。

甄知：我们用橡皮和牙签也可以自己做个平衡器。

甄理：太好了，我想马上做一个。

甄知：那我们现在一起动手来制作。

🪐 先来做点准备工作吧

1 块橡皮、3 根牙签、1 把小刀

✳ 开始行动吧

1 用小刀将橡皮切成大小相当的 3 块。

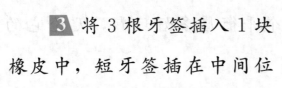

2 取出 1 根牙签，在距离尖端约 1/3 的地方将其折断。

3 将 3 根牙签插入 1 块橡皮中，短牙签插在中间位置，另外 2 根长牙签分别在短牙签左右。

4 将另外 2 块橡皮分别插入 2 根长牙签的另一端。这样，橡皮平衡器就制作好了。

观察现象

将短牙签放在任意一个支点上，橡皮平衡器都能"摇摇晃晃"地立在上面，不会掉下来。

博士揭秘

平衡器若要保持平衡状态，重心必须和支点落在同一条重垂线上。该实验做成的平衡器，其重心落在中间牙签的下端垂直向下的延长线上。当平衡器稍微倾斜，重心偏离重垂线时，重力会牵引重心回到原状。所以，平衡器虽然看上去摇摇晃晃，最终却能回到原来的平衡状态。

28　硬币进杯

甄理：我今天看到了一个特别神奇的实验。

甄知：是什么呀，看把你兴奋的。

甄理：是硬币与纸牌的奇妙"冒险"!

甄知：听起来很有趣，我们一起试试吧。

先来做点准备工作吧

1个玻璃杯、1枚硬币、1张纸牌

开始行动吧

1 将纸牌盖在玻璃杯的杯口上，将硬币放在纸牌的中间位置。

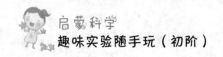

2 用手指快速弹开纸牌。

小提示

选择一张质地较硬且表面平滑的纸牌，这样可以确保在弹击时纸牌能够顺利地飞出去。

在弹击纸牌时，把握好力度和方向，可能需要尝试几次才能成功。

观察现象

纸牌上的硬币并没有随着纸牌飞走，而是直接掉入了玻璃杯中。

博士揭秘

为什么硬币没有随纸牌飞走，而是掉入了玻璃杯中呢？

任何物体都有保持原有状态的趋势，直到外力迫使它改变这种状态，这就是惯性定律。实验中，纸牌受到外力作用，快速飞走，硬币却仍然保持着静止状态，没有跟随纸牌飞走，而是受重力作用，落入杯中。

29 🚀 一秒减重

甄知：听说，在电梯里称重，体重会像"七十二变"一样变化不断。

甄理：这真是太神奇了，我们去试一试吧。

🪐 先来做点准备工作吧

1 个体重秤、有电梯的大楼

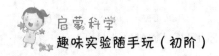

开始行动吧

1 把体重秤放在电梯里，站在体重秤上，留意体重秤的数值。

2 按下电梯按钮，注意观察电梯向上运行和向下运行时体重秤的指针变化。

观察现象

当电梯向上加速时，体重增加；向上减速时，体重又减少了。

当电梯向下加速时，体重减少；向下减速时，体重又增加了。

博士揭秘

当电梯向上加速和向下减速时，我们处于超重状态，电梯地板需要给予更大的支持力，所以体重秤上的读数会增加；当电梯向下加速和向上减速时，我们处于失重状态，电梯地板的支持力会变小，体重秤的读数就会变小了。

30 旋转快与慢

甄理：电视上正在播放你最喜欢的花样滑冰比赛。

甄知：是吗？那我马上过去看。

甄理：运动员在冰面上如同翩翩起舞的蝴蝶，真漂亮！他们是怎么做到让旋转速度时快时慢的呢？

甄知：改变旋转速度的原理并不难，我们可以通过一个实验来感受一下。

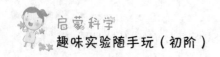
先来做点准备工作吧

1个旋转凳、2瓶矿泉水

开始行动吧

1 两只手各拿一瓶矿泉水，坐到旋转凳上。

2 将手收在胸前，请伙伴帮忙转动凳子。

3 慢慢将手臂伸直，再将双臂慢慢收拢至胸前。

小提示

在进行实验时，请确保旋转凳稳固，避免在旋转过程中发生意外。

观察现象

慢慢将手臂伸直，你会发现，转速逐渐变慢。当你将双臂慢慢收拢至胸前时，转速又会加快。

博士揭秘

是什么导致了旋转速度的变化呢？

旋转的速度与转动惯量（绕轴转动时惯性的大小）有关。将手臂慢慢伸直，旋转半径变大，转动惯量跟着变大，转速就会变慢。将双手慢慢收在胸前，旋转半径变小，转动惯量跟着变小，旋转的速度就会变快。

魔法磁力吸

31 🚀 汤匙变磁铁

甄知：看，我这里有一把神奇的汤匙，它可以吸引回形针。

甄理：我记得书上说过，用磁铁摩擦铁制品可以让铁制品也变成磁铁，但是我还没有验证过。

甄知：你说对了，这就是磁化。我们一起来验证下。

🪐 先来做点准备工作吧

1块磁铁、1把铁汤匙（或其他铁制品）、1枚回形针

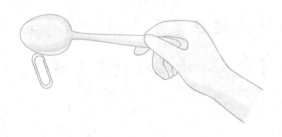

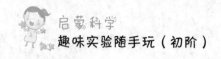

❈ 开始行动吧

1 用磁铁在铁汤匙底部反复摩擦。

2 将摩擦过的部位贴近铁制的回形针，观察回形针有什么变化。

观察现象

铁汤匙像磁铁一样，会把回形针吸起来。

博士揭秘

铁汤匙为什么会变成磁铁呢？这是因为铁内部有许许多多个"小磁铁"（我们称之为磁畴），这些"小磁铁"排列紊乱，磁性相互抵消，所以对外不显示磁性。当磁铁和铁汤匙摩擦时，铁汤匙中的"小磁铁"在磁铁的作用下，整齐地排列起来。这样，铁汤匙就被磁化，变成了一块具有磁性的磁铁，可以吸起回形针。

小拓展

把磁化的铁汤匙在桌子上敲一敲，其内部的"小磁铁"方向会变得紊乱，汤匙就会失去磁性。

32 小小指南针

甄理：我国古代人真了不起，竟然在战国时期就发明了司南。

甄知：是啊，司南就是指南针，它的作用非常大，可以用于航海、军事或者旅行等许多方面。明朝郑和下西洋，指南针起到了决定性作用。

甄理：指南针的作用这么大啊！

甄知：看你这么感兴趣，我们一起制作个指南针吧。

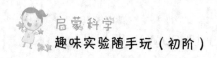

先来做点准备工作吧

1根长针、1个软木塞、1块磁铁、1只碗、水

开始行动吧

1 用磁铁在长针上沿着相同的方向摩擦几十次。

2 将长针穿过软木塞。

3 向碗中加入一些水，把插着长针的软木塞放在水中。

4 轻轻转动软木塞，改变针的方向。

观察现象

针尖停止转动时总会指向同一个方向。

博士揭秘

长针在磁铁上摩擦之后被磁化，产生磁性，长针上就出现了一个南磁极和一个北磁极。地球本身也是一个大磁体，它的磁极在南北极附近，根据磁体同极相斥、异极相吸的原理，长针的两个磁极就会分别指向地球的南北磁极的方向。

33 🚀 火烧磁铁

甄理：磁铁的磁性会突然消失吗？

甄知：通常情况下，磁铁的磁性不会突然消失。但是在一些特殊的环境下，磁性会消失。

甄理：能不能通过实验演示呢？

甄知：可以，高温对磁性破坏非常有效，今天我给你演示下。

🪐 先来做点准备工作吧

1块磁铁、1支蜡烛、1盒火柴（或打火机）、1根铁针、水

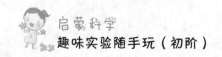

✺ 开始行动吧

1 用磁铁吸引铁针，验证磁铁是有磁性的。

2 点燃蜡烛，将磁铁放在火上烤。

3 几分钟后，将加热后的磁铁放入水中降温。

4 再用磁铁吸引铁针。

🧬 小提示

在加热磁铁时，务必小心火源，确保周围没有易燃物品，并在家长陪同下进行实验，以防意外发生。

⚗ 观察现象

经过高温加热后的磁铁，无法吸引铁针。磁铁的磁性突然消失了！

👤 博士揭秘

磁铁的磁性为什么会突然消失呢？

这是因为高温破坏了磁铁的磁性。磁铁之所以具有磁性，是因为磁铁内部的自由电子运动具有一定的方向。磁铁被加热到一定温度后，内部电子的运动方向变得无序，从而失去磁性。

剧烈碰撞也能让磁铁失去磁性。

欺骗眼睛的光

34 🚀 蜡烛数不清

甄知：今天的数学课上，老师给我们讲了"无限"的概念，比如，用 1 除以 3，小数点后有无限个 3。

甄理：我最近刚刚学了一个实验，可以让我们在生活中体验到"无限"。

甄知：那我们赶紧来做这个实验吧。

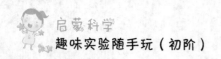

先来做点准备工作吧

2面镜子、1根蜡烛、1盒火柴（或打火机）

开始行动吧

1 将两面镜子面对面平行放在桌子上。

2 把蜡烛放在两面镜子之间，点燃蜡烛。

小提示

在点燃蜡烛时，要特别小心，确保蜡烛周围没有易燃物品，并在家长的陪同下进行实验，以防意外发生。

观察现象

仔细观察镜子中的蜡烛，你会发现有无数根蜡烛一直延伸到无穷远的地方。

博士揭秘

镜子具有反射光线的作用，蜡烛的光线遇到镜面后会被原路反射回去。两面镜子平行放置时，蜡烛的光会在镜子之间反射来反射去，无穷无尽，所以会让人看到无数根蜡烛。

35 放大镜遇水 "缩水"

甄知：你知道吗，放大镜可以放大物体，但它的放大效果在特定的条件下也会 "缩水"。

甄理：在什么条件下会 "缩水" 呢？

甄知：在有水的环境下会 "缩水"。让我们一起来做这个实验吧。

先来做点准备工作吧

1 个放大镜、1 枚硬币、1 只水盆、水

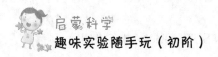

❋ 开始行动吧

1 把放大镜放在硬币上方，观察放大效果。

2 向水盆中注入适量水，将硬币放入水中。

3 将放大镜放入水里，再次观察放大效果。

🧪 观察现象

你会发现，放大镜在水中的放大效果竟然"缩水"了。

🧠 博士揭秘

放大镜是凸透镜，利用光的折射原理成像，有放大物体的作用。凸透镜的放大效果与镜面玻璃的曲率有关，也和光在介质中的折射率有关，两者的折射率差越大，放大效果越好。因为水和玻璃的折射率差小于空气与玻璃的折射率差，所以水中放大镜的放大效果变差了。

36 🚀 太阳烤马铃薯

甄知：你喜欢吃烤马铃薯吗？

甄理：喜欢啊。

甄知：今天太阳高照，我们利用阳光烤个马铃薯。

甄理：这么厉害！我们一起来试试吧。

🪐 先来做点准备工作吧

1个圆盆、1颗小马铃薯、几张铝箔纸

⚛ 开始行动吧

1 用铝箔纸铺满圆盆内壁，注意铝箔纸不要撕碎，褶皱处尽量铺平整，使圆盆像一面凹面镜。

2 把圆盆放在阳光下，将小马铃薯放在圆盆中心处进行"烧烤"。

3 烤马铃薯过程中，可以适当调整圆盆方向，让它

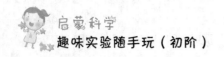

始终对准太阳。

🧬 小提示

阳光烤马铃薯的实验最好在阳光充足的中午进行。

马铃薯要选择体形较小，容易烤熟的。马铃薯被烤熟后温度较高，用手拿马铃薯时要小心，以免被烫伤。

如果没有圆盆，可以用口径较大的碗代替。

🖐 小技巧

在烤马铃薯的过程中，由于太阳的位置会不断移动，所以需要适时调整圆盆的方向，确保它始终对准太阳，这样可以保证马铃薯受到均匀的热量。

🧪 观察现象

不久，你就能够闻到马铃薯的诱人香气了。

🧠 博士揭秘

马铃薯在太阳下是怎么被烤熟的呢？

把铝箔纸铺在圆盆上，圆盆像一个四面镜，把阳光聚集在底部的中心位置，从而产生极高的温度，把马铃薯在短时间内烤熟了。

37 屋外遥控

甄知：你知道吗？我可以在屋子外面控制电视机。

甄理：真的吗？

甄知：是真的，只需要一面镜子即可。

甄理：那我们快试试吧。

先来做点准备工作吧

1台电视机、1个红外遥控器、1面镜子

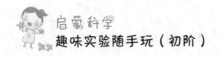

❋ 开始行动吧

1 自己在放电视机的屋外，让伙伴在屋内拿着镜子。

2 调整镜子的位置，让自己可以通过镜子看到屋内的电视机。

3 用遥控器对准镜子中的电视，按下遥控器。

观察现象

通过镜子，我们可以远距离遥控电视。

博士揭秘

红外遥控器发射的是我们肉眼看不见的红外线，电视机上的光探测器通过接收红外线，实现对电视的遥控。红外线是众多不可见光中的一种，在空气中直线传播，能够被镜子反射。只要镜子摆放的位置合理，遥控器发出的红外线就可以被镜子反射到电视的光探测器上，从而远距离遥控电视。

小拓展

如果条件允许，可以通过多面镜子遥控电视，但仅限于红外遥控器。新款蓝牙遥控器遥控距离更远，本身便可穿墙遥控，无须角度对准。

38 水雾现彩虹

甄理：昨天下午，雨后天空出现了一道彩虹，非常漂亮。要是每天都能看到彩虹就好了！

甄知：这个愿望还是能实现的，我可以帮你制造出一道彩虹。

甄理：那太好了，我们一起来制造彩虹吧。

先来做点准备工作吧

1个喷壶、水

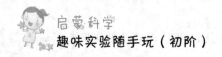

✳ 开始行动吧

1 选择一个阳光明媚的下午，地点最好在室外的草地上。

2 向喷壶中注满水。

3 背对着太阳站立，用喷壶喷出水雾。

观察现象

很快，你就可以从喷出的水雾中看到一道美丽的彩虹了。

博士揭秘

彩虹是如何产生的呢？

白色的太阳光是由不同波长的光混合而成的，不同波长的光颜色不同。当太阳光进入喷出的水雾中，会被微小的球形水滴折射和反射，不同波长的光在水中的折射率并不相同，因此折射的角度也不相同。所以，白色的太阳光经过水滴折射后，会分成红、橙、黄、绿、蓝、靛、紫7种颜色的光，这就是我们看到的彩虹。

小拓展

如果没有上述实验的环境和条件，可以把镜子斜放在水盆中，加入适量水。阳光经过镜子反射在墙壁时，也会出现一道美丽的彩虹。

39 七彩圆盘变白色

甄知：上次我们制作的水雾彩虹很成功，白色的阳光最终分成了七色光。今天我们来做一个实验，把七色光合成白光。

甄理：太好了！七色光真的能合成白光吗？

甄知：肯定的。我们来实验下。

先来做点准备工作吧

1 张白色厚纸、1 把圆规、1 把剪刀、1 盒彩笔、1 根牙签

开始行动吧

1 用圆规在白纸上画一个半径为 5 厘米的圆，用剪

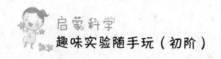
刀把圆剪下来。

2 把圆平均分成7份。

3 按照红、橙、黄、绿、蓝、靛、紫的顺序，依次给每一个扇形涂上颜色。

4 用牙签穿过圆心，转动牙签，让圆盘飞快转动起来。

小提示

七色光在白光中的比例并不相同，同时，人眼对分辨快速旋转物体的颜色也不敏感，所以并不需要把圆严格等分为7份。

观察现象

快速旋转的七彩圆盘看上去变成白色了。

博士揭秘

七彩圆盘为什么会变成白色？

因为白光是红、橙、黄、绿、蓝、靛、紫七色光混合而成的，所以当我们转动圆盘，圆盘上的七色光混合在一起，形成了白色光。

40 🚀 "走"出阴影的硬币

甄知：你看，杯子里的硬币正好被杯子的影子遮住，有什么办法让硬币走出阴影呢？

甄理：太简单了，直接把杯子或者硬币移动下就可以了。

甄知：如果不移动杯子和硬币呢？

甄理：那怎么可能呢？

甄知：其实，有个简单的办法，我们来实验下。

🪐 先来做点准备工作吧

1只水杯、1枚硬币、水、电灯

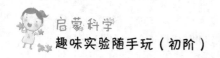

开始行动吧

1 放一枚硬币在空杯的底部边缘。

2 把杯子放在电灯下方，调整杯子位置，使杯子的阴影刚好遮住硬币。

3 向水杯中慢慢注入水。

小技巧

在注水过程中，尽量保持速度缓慢且稳定，这样可以更清楚地观察阴影的变化过程。

观察现象

随着杯子中水量的增加，杯子的阴影越来越小，感觉上硬币慢慢"走"出阴影。

博士揭秘

硬币是如何"走"出阴影的呢？

光线遇到水后，会发生折射，从而使得杯中的阴影变小，硬币就从阴影中"走"了出来。

41 🚀 毛玻璃变透明

甄理：透过普通玻璃可以看到外面的世界，毛玻璃为何不行呢？

甄知：其实，通过小小的道具，毛玻璃也可以看清外面的世界。

甄理：什么道具？

甄知：透明胶带。

🪐 先来做点准备工作吧

1块毛玻璃、1卷透明胶带、1把剪刀

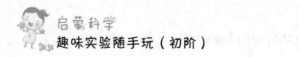

❋ **开始行动吧**

1 透过毛玻璃看外界，是无法看清楚的。

2 用剪刀剪下一段透明胶带，将它平整地贴在毛玻璃粗糙的一面上。

小提示

在贴胶带之前，先把毛玻璃擦拭干净，去除表面的灰尘和污渍。

观察现象

从贴有透明胶带的一侧看过去，就可以看到毛玻璃后面的东西了。

博士揭秘

普通玻璃之所以透明，是因为它两面光滑平整，光线穿过后不会改变方向。毛玻璃有一面粗糙不平，光线会被折射到四面八方，不能在眼睛的视网膜上形成完整的像，所以我们无法看清玻璃后面的东西。在粗糙不平的一面上贴上透明胶带，毛玻璃的表面变得平整了，光线可以平行地穿过毛玻璃，从而在视网膜上呈现出完整的像，这样我们就能看到毛玻璃后面的东西了。

42 玻璃镜子变清晰

甄理：哎呀，每次洗完澡都瞧不清镜子。

甄知：那是水汽太多啦！

甄理：有什么好办法能让镜子不模糊吗？

甄知：嘻嘻，动动脑筋，就可以轻松实现。

先来做点准备工作吧

1 面镜子、1 瓶洗涤剂、1 个盛满热水的保暖水瓶

开始行动吧

1 打开水瓶塞，将镜面放在瓶口上方，水汽凝结在镜面上，镜面变得模糊。

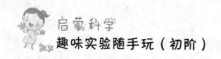

2 在镜面上涂上一点洗涤剂，使镜面变得干净。

3 将镜面重新放在冒热气的水瓶口，观察镜面是否能看清楚。

观察现象

将镜面放在冒热气的水瓶口，镜面上面形成一层水膜，但是仍能看清楚。

博士揭秘

水汽在镜子上凝结，形成密密麻麻的小水珠，从而导致镜子无法正常使用。洗涤剂可以降低水的表面张力，当水汽遇到镜面冷凝之后，无法形成小水珠，而是在镜面上形成一层薄薄的透明的水膜，对光的影响不太大，所以仍能看清楚。

小拓展

肥皂、沐浴露等物品，也能降低水的表面张力，完成上述的实验。

43 🚀 马铃薯写字

甄知：哎呀，今天洗完澡，发现镜子上出现了一个小猪头。

甄理：哈哈，那是我画的。

甄知：太有意思啦，我也想画一个。

甄理：好呀，我们一起到厨房找"画笔"吧。

🪐 先来做点准备工作吧

1 块马铃薯、1 把菜刀

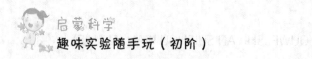

✳ 开始行动吧

1 用菜刀切一小块马铃薯。

2 用马铃薯的切面在浴室的镜子上写下要写的文字或者画出想画的图画。

3 洗热水澡时，观察一下镜面上是否会出现文字或者图画。

👩‍🔬 观察现象

当洗热水澡时，这些字或者图画就会在镜面上显现出来，想象一下其他人看到字迹时惊奇的模样吧。

🧠 博士揭秘

这个实验和"玻璃镜子变清晰"的原理相似。马铃薯含有一种物质，能够降低水的表面张力。马铃薯切面涂过的地方，水蒸气无法形成水珠，只形成一层透明的水膜。所以在镜面的水雾中，这些字迹就能清晰地显现出来。

44 给你一双透视眼

甄理：我有一双透视眼，可以透过信封看到里面的字迹。

甄知：哇，那真是太神奇了！不过我不太相信。

甄理：不相信？那我演示给你看。

先来做点准备工作吧

1张白纸、1张黑纸、1个浅褐色信封、1个白色信封、1支签字笔

开始行动吧

1 让伙伴用签字笔在白纸上写几个大字。

2 把白纸放在淡褐色的信封里，然后在外面再套一个白色的大信封。

3 隔着两层信封，我们无法看到白纸上写的字。

4 把黑纸卷成长筒状，用它紧贴着信封，把信封对

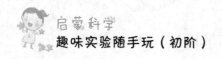

着明亮的光源（阳光或灯光）。

小提示

尽量选择阳光明媚的日子或者在室内使用明亮的灯光进行实验，以确保光线能够充分穿透信封。

小技巧

黑纸筒的制作要紧密，不要留有缝隙，以确保它能够有效地挡住信封正面反射的光。

观察现象

可以清楚地看到白纸上写的字了。

博士揭秘

我们把信封朝向我们的一面称为正面，另一面称为反面。一般情况下，照在信封正面后反射到我们眼睛里的光，比从信封背面透过来的光要强烈，所以我们看不清信封里面的字。卷筒状的黑纸挡住了信封正面进入我们眼中的反射光，信封背面穿透过来的光变得强烈，我们就可以清楚地看到白纸上的字迹了。

声音的奥秘

45 🚀 纸杯电话

甄理：我想制作一个专属咱们两人的电话，有什么悄悄话，我通过电话告诉你。

甄知：哈哈，这个想法太有趣了。做成之后我们就可以在不同的房间通话啦！

甄理：不过，这只是我的遐想，我还没有制作的方法。

甄知：那我教你制作一个纸杯电话吧。

🪐 先来做点准备工作吧

1根长长的细绳、2只纸杯、2根牙签（或火柴）

✳ 开始行动吧

1 用牙签在两只纸杯底部分别穿1个小口。

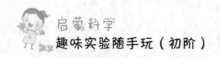
2 将细绳的两端分别穿过两只纸杯的小孔，系在牙签上。

小技巧

细绳的紧绷程度对声音的传播至关重要。在使用纸杯电话时，要确保细绳始终保持紧绷状态，这样才能使声音清晰传递。

观察现象

和伙伴各拿一个纸杯，绷紧细绳，对着纸杯里面讲话，对方就能听到你的声音。

博士揭秘

纸杯电话是利用了声音振动通过介质传播的原理。对着一只杯子说话，声音通过作为介质的细绳传递到另外一只杯子里，从而使对方听到声音。

小拓展

可以制作两个"纸杯"电话，一个放在耳朵旁，一个放在嘴巴边。这样，你就可以和伙伴轻松对话了。

46 🚀 变幻的音调

甄知：在同样的瓶子上敲击，发出的声音一样吗？

甄理：当然一样啊。

甄知：那在瓶子里装入不等量的水呢？

甄理：应该也一样吧。

甄知：不一定哦，我们来试试看。

🪐 先来做点准备工作吧

3 只玻璃杯、3 个大可乐瓶、1 根筷子、水

⚛ 开始行动吧

1 分别向 3 只玻璃杯中注入较少、中等和较多的水。

2 用筷子依次敲击玻璃杯，装水较少、中等和较多的杯子分别发出高、中、低的声音。

3 分别向 3 个大可乐瓶

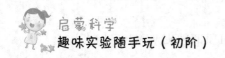

中注入较少、中等和较多的水。

4 用嘴依次对着大可乐瓶吹气，听听有什么区别。

观察现象

装水较少、中等和较多的可乐瓶中分别发出低、中、高的声音。

博士揭秘

用筷子敲击装水的玻璃杯，杯子整体振动导致了声音的产生。当杯子中的水较少时，杯子整体振动得快，音调比较高；相反，杯子中水较多时，杯子整体的振动变慢，音调比较低。因此，随着水位的增高，音调逐步降低。

向可乐瓶中吹气时，水面上方的空气产生共鸣导致了声音的产生。当瓶中水较少时，空气所占空间较大，会产生低音共鸣；相反，瓶中水较多时，空气所占空间较小，会发生高音共鸣。因此，随着水位的增高，音调也逐步增高。

47 🚀 纸张的呼唤

甄知：呼——呼——

甄理：这是什么声音？

甄知：嘿嘿，这是纸张的叫声。

甄理：纸会发出叫声吗？

甄知：当然，我演示给你看。

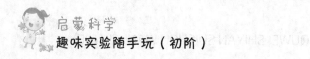

先来做点准备工作吧

1 张长方形纸、1 把剪刀

开始行动吧

1 把纸张的长边对折两次，折成相同的四部分。

2 将纸张中间的两部分折凸起，凸起部分与外侧的两部分呈90度。

3 在凸起部分的中间位置剪出一个小洞。

4 用食指和中指将折页夹起来，用嘴对着折页上的洞用力吹气。

观察现象

用力吹气时，纸张会发出惊人的响声。改变折页凸起部分的高度，纸张发出的声音也会随之变化。

博士揭秘

当用力对着纸张中间的洞吹气时，纸张随着气流抖动，引起空气振动，于是就发出了巨大的声音。

捣乱的静电

48 🚀 梳子吸纸

甄知：哎呀，你怎么把小纸片剪一地？妈妈都快回来了，她看见要生气的。

甄理：那可怎么办？你快帮我一起打扫吧。

甄知：行吧，让我来想个小妙招。

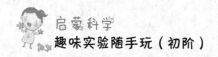

🪐 先来做点准备工作吧

1 张纸、1 条毛巾、1 把塑料梳子

⚛ 开始行动吧

1 把纸撕成碎片，撒在地板上。

2 用梳子在毛巾上摩擦一会儿。

3 将梳子放在碎纸片上方，纸片纷纷被吸到了梳子上。

4 等待片刻，观察纸片会怎么样。

🧪 观察现象

梳子和毛巾摩擦后放在碎纸片上方，纸片会被吸到梳子上。但等待片刻，纸片又会纷纷从梳子上掉下去。

🧠 博士揭秘

塑料梳子在毛巾上摩擦后，带上静电，从而能吸住纸片。吸住纸片后，梳子上的一部分静电会转移到纸片上，纸片带上了与梳子同样的电荷。由于同种电荷相互排斥，所以纸片最终会从梳子上掉下去。

49 🚀 水流变弯

甄知：用梳子吸纸的办法太好用了，你可真棒！

甄理：梳子还能吸水哦！

甄知：真的吗？这么神奇啊！

甄理：是呀，我们来试验看看。

🪐 先来做点准备工作吧

　　1 把塑料梳子、1 条毛巾、有水龙头的水池

⚛ 开始行动吧

　　1 将梳子在毛巾上摩擦一会儿。

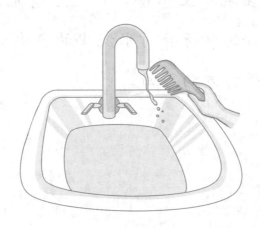

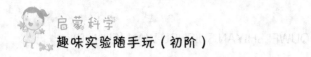

2 将水龙头拧开一点，调整水流，使流出的水尽量成为细细的一股。

3 将梳子靠近细水流，看看水流会发生什么变化。

🧬 小提示

梳子不能浸湿，否则实验会失败。

用气球、塑料吸管、塑料勺等物品也可以代替梳子做这个实验。

👧 观察现象

当梳子靠近细水流时，你会看到，水流不再直直地向下流，而是被梳子吸引，变得弯曲了。

🧠 博士揭秘

塑料梳子在毛巾上摩擦，产生了静电。当梳子靠近水流时，其所带的电荷会对水流中的自由电荷产生引力，水流就会向梳子的方向弯曲。

50　气球"遛"易拉罐

甄理：好羡慕那些养狗的同学，可以带着小狗到处逛，多神气！

甄知：虽然我们不能遛狗，但是我们可以遛易拉罐，保证让你在同学面前更神气！

甄理：啊，遛易拉罐？

甄知：是的，今天我们来做个"气球遛易拉罐"的游戏。

先来做点准备工作吧

1 只易拉罐、1 只气球、1 根细绳、1 条毛巾

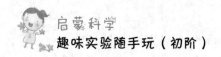

✱ 开始行动吧

1 把气球吹大，用细绳绑紧。

2 用毛巾在气球上反复摩擦一会儿。

3 将空易拉罐平放在地上，让气球靠近它。

🧪 观察现象

当气球靠近易拉罐时，易拉罐会被吸引。这时，你可以用气球"拉"着易拉罐到处走了。

🧠 博士揭秘

气球用毛巾摩擦后，带上了大量的负电荷。易拉罐由金属制成，是一种导体。当带有大量负电荷的气球靠近不带电的易拉罐时，就会出现静电感应现象。易拉罐上靠近气球的部分会带上正电荷，正电荷与气球的负电荷相互吸引，于是易拉罐会跟着气球到处"跑"。

魔法火焰

51 🚀 纸杯煮水

甄知：把纸杯给我，我要用它烧一杯开水。

甄理：这怎么可能？纸杯会被火烧成灰的！

甄知：一切皆有可能。

🪐 先来做点准备工作吧

1 支蜡烛、1 只纸杯、1 盒火柴（或打火机）

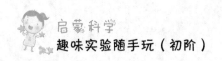

✲ 开始行动吧

1 点燃蜡烛，将蜡烛固定在桌面上。

2 在纸杯内装入一定量的水，将纸杯放在蜡烛的火焰上烤。

3 等待一会儿，看看纸杯和水有什么变化。

⚗ 小提示

纸杯在火上烤时，要用架子固定好，以免烫伤手。

⚗ 观察现象

纸杯中的水沸腾了，纸杯却没有被蜡烛点燃。

⚗ 博士揭秘

物体燃烧有三个基本条件：可燃物、助燃物和着火点，缺少任何一个条件物体都无法燃烧。在这个实验中，燃烧所需要的三个条件中，可燃物（纸杯）有了，助燃物（氧气）也有了，但纸杯中的水迅速地吸收了蜡烛燃烧所散发出的热量，纸的着火点在100℃以上，而沸腾的水的温度保持在100℃，纸杯始终无法达到着火点，所以纸杯不会被点燃。

52　隔空灭火柴

甄知：你能不用嘴吹就让火柴熄灭吗？

甄理：当然可以，用水浇呗。

甄知：太麻烦了吧，看我的灭火神器！

甄理：哇，汽水也能灭火？

先来做点准备工作吧

1盒火柴、1瓶汽水、1只杯子

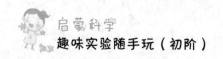

✳ 开始行动吧

1 打开汽水瓶，将汽水倒入杯子中。

2 将火柴点燃，放在杯子上面。

3 等待片刻，看看发生了什么现象。

🧪 观察现象

你会发现，火柴很快熄灭了。

👤 博士揭秘

火柴燃烧需要氧气，汽水中却含有大量的二氧化碳，当火柴接近杯子时，火柴附近只有二氧化碳，氧气不足，火柴就会熄灭了。

⚗ 请注意

汽水必须是新开的，如果打开时间过长，二氧化碳已从水中完全逸出，火柴就不会熄灭。

发生了变化

53 🚀 硬币亮闪闪

甄知：哎呀，我攒的硬币好多表面都发黑了！

甄理：让我看看，真的呀。

甄知：你有办法让它们恢复原样吗？

甄理：当然有，瞧我的！

🪐 先来做点准备工作吧

1枚表面发黑的硬币、1个盘子、1瓶醋、1包面巾纸

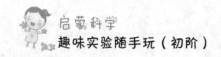
❋ 开始行动吧

1 将发黑的硬币放在盘子中。

2 往盘子里倒入一些醋，使之淹没硬币。

3 稍等几分钟，将硬币取出来，用面巾纸擦干净。

观察现象

将硬币放在醋中几分钟，拿出来擦拭干净，硬币又重新变得亮闪闪了。

博士揭秘

硬币之所以会发黑，是因为硬币表面的铜与空气中的氧气发生化学反应，生成了黑色的氧化铜。氧化铜可以和醋中的醋酸反应生成可溶的醋酸铜。氧化铜被去除后，硬币就重新变得亮闪闪了。

小拓展

利用酸溶液可以去除钢铁表面的氧化皮和锈蚀物，这种方法被称为"酸洗"。例如，我们可以用硫酸或盐酸清除钢筋表面的铁锈。

54 "火山"喷发

甄知：书里描述的火山喷发好壮观呀！

甄理：是呀，非常震撼！

甄知：好想体验一下。

甄理：那我给你模拟一下"火山"喷发的场景吧。

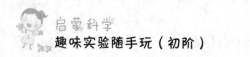

🪐 先来做点准备工作吧

1 瓶汽水、3 颗泡腾片、1 个托盘

✳️ 开始行动吧

1 把瓶装汽水放在托盘里，打开瓶盖。

2 将 3 颗泡腾片放入瓶内。

🧪 观察现象

瓶内汽水开始冒出泡泡，很快就会出现"火山"喷发的景象。

🧠 博士揭秘

汽水中含有二氧化碳，而泡腾片溶于水时，也会产生大量的二氧化碳。大量的二氧化碳一起冒出来，就出现了"火山"喷发的情景。

55 消失的蛋壳

甄知：看到这个鸡蛋了吗？给我 7 天，让你见证一个奇迹。

甄理：什么奇迹？

甄知：鸡蛋壳会神奇消失。

甄理：咦？这个听起来不错。

先来做点准备工作吧

1 只玻璃杯、1 个生鸡蛋、1 瓶醋

开始行动吧

1 把鸡蛋放入玻璃杯中，然后把醋倒进杯中，让醋

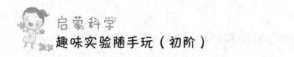

完全浸没鸡蛋。

2 让鸡蛋在玻璃杯中浸泡几天。

3 从玻璃杯中取出鸡蛋，观察鸡蛋发生了什么改变。

观察现象

鸡蛋壳神秘地消失了，只剩下一个没有蛋壳的软蛋，包裹在一层半透明的薄膜里。这个软蛋还变胖了，体积比原来大了不少。

博士揭秘

鸡蛋壳的主要成分是碳酸钙，碳酸钙可以和醋酸发生化学反应，所以蛋壳会被醋酸慢慢地溶解掉。最后，鸡蛋只被剩下的一层薄薄的柔软的薄膜包裹着。鸡蛋的体积会变大，是渗透作用造成的。鸡蛋内蛋白质浓度大，醋液中的水分通过蛋膜渗入鸡蛋中，把鸡蛋撑大了。

56 自动吹气球

甄知：哎呀，你怎么费那么大力气吹气球呢，小脸都憋红了。

甄理：是呀，好累啊！

甄知：来来来，我给你想个办法，让你的气球自动变大。

先来做点准备工作吧

1个细口的玻璃瓶、1把勺子、1只气球、小苏打、醋

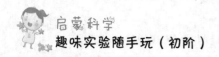
❋ 开始行动吧

1 向玻璃瓶里加入 2 勺小苏打，再往瓶中倒入一些醋。

2 将气球用手拉几下，把气球口套在玻璃瓶口上。

3 拿起玻璃瓶轻轻摇晃，看看气球有什么变化。

观察现象

拿起玻璃瓶轻轻摇晃后，不一会儿，套在瓶口的气球慢慢鼓了起来。

博士揭秘

小苏打和醋发生了化学反应，生成了大量的二氧化碳。当瓶中的二氧化碳越来越多，压强越来越大，就会把套在瓶口的气球"吹"起来。

57 🚀 方糖发光

甄知：糖会发光吗？

甄理：当然不会。

甄知：那我要做到了呢？

甄理：做到了算你厉害呗！

🪐 先来做点准备工作吧

1个透明塑料袋、1根细绳、1根擀面杖、1块方糖

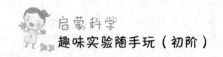

✳ 开始行动吧

1 将方糖放进塑料袋中，扎紧袋口，放在桌子上。

2 拉上房间的窗帘，关掉灯，让房间暗下来。

3 用擀面杖来回挤压方糖袋，将方糖压碎。

🧪 观察现象

用擀面杖碾压方糖时，方糖会发出蓝绿色的光。

🧠 博士揭秘

方糖的主要成分是微小的蔗糖晶体。蔗糖晶体内部的电荷分布不均匀，有的部位正电荷多，有的部位负电荷多。当擀面杖压碎方糖后，破碎的晶体有的带正电荷，有的带负电荷，从而导致破碎的晶体之间产生电压。这些电压可能较高，以至能产生电火花，也就是我们看到的蓝绿色的光。

🧪 小拓展

这种现象叫作"摩擦发光"，是指某些固体受到研磨、摩擦、挤压等机械压力时的发光现象。很多材料有这种现象，比如燧石。

58　不漏水的塑料袋

甄理：哎呀，电影里的英雄中了箭，他为什么不把箭拔出来？

甄知：不能拔呀，一旦拔出来，鲜血会喷涌四射。

甄理：啊！这是为什么呀？

甄知：来，我们做个小实验演示下这个现象，你就明白了。

先来做点准备工作吧

1个保鲜袋、5根竹签、1把手工刀

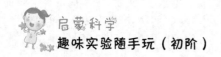
❁ 开始行动吧

1 用手工刀把竹签削尖。

2 往保鲜袋中装满水，请伙伴抓紧袋口拎起来。

3 依次将竹签刺入保鲜袋。

小提示

1. 请选择在浴缸或者水盆上方进行实验，以免弄湿地面或衣服。

2. 可以用削尖的铅笔代替竹签来做这个实验。

观察现象

尽管塑料袋被竹签刺得"千疮百孔"，水却不会流出来。

博士揭秘

塑料是一种人工合成的高分子化合物，保鲜袋的用料属于热塑性塑料。这种材质在特定的温度范围内易于塑形。当竹签刺破保鲜袋时，这种塑料会将竹签紧紧包住，使保鲜袋和竹签之间密合起来，所以水还是不会流出来。

我们的身体

59 🚀 手掌上有个洞

甄知：悄悄告诉你，我们的手掌上有个洞！

甄理：真的吗？快给我看看！

甄知：别急别急，马上变给你看。

🪐 先来做点准备工作吧

1 张纸

✳️ 开始行动吧

1 把纸卷成纸筒形状，将纸筒像望远镜一样放在右眼前，闭上左眼。

2 把左手手掌放在左眼的前方，紧靠纸筒前端的

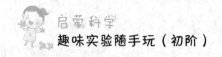
位置。

3 张开左眼，看到了什么？

观察现象

看到左手手掌上有一个洞。

博士揭秘

每只眼睛都有一定的视力范围。如果我们分别闭上左眼和右眼，就能比较出每只眼睛的视力范围。两只眼睛看到的东西会在中间部位重合在一起，这时我们的大脑就会将双眼所提供的两幅画面组合成一幅。此外，当我们用一只眼睛看东西时，闭上的那只眼睛也会自动地根据睁开的眼睛所看到的物体调整焦距。当左眼睁开时，它的焦距正好适合看右眼通过望远镜看到的物体，所以看近处的手掌就会变得模糊。

小拓展

1839年，英国科学家温特斯顿发现两只眼睛的角度不尽相同，这种细微的角度差别经由视网膜传至大脑里，就能区分出景物的前后远近，产生立体感。这也是3D电影的科学原理——偏光原理。3D电影参考人眼观察景物的方法，利用两台摄影机，同步拍摄出两条略带水平视差的电影画面。放映时，将两条电影影片分别装入左、右电影放映机。当画面投放于电影银幕前，就会形成左、右"细微"的双重影像。特制的偏光眼镜能将左、右"双影"叠合在视网膜上，产生立体的视觉效果。

60 单眼定位

甄知：你会套钢笔帽吧？

甄理：当然会呀！

甄知：如果你睁一只眼闭一只眼，就很难轻松套上了。

甄理：怎么会呢，这么简单的小动作。

甄知：要不我们打个赌，你输了请我吃冰激凌。

甄理：好呀，我马上就轻松完成给你看。

先来做点准备工作吧

1 支钢笔

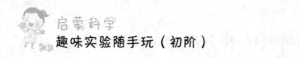

✳ 开始行动吧

1 将两臂伸直，一手拿钢笔，一手拿笔帽。

2 闭上一只眼睛，将笔帽套到钢笔上，你看看是否能轻松办到。

3 换一只眼睛，重复上面的实验，看看结果如何。

🧪 观察现象

闭上一只眼睛后，很难将钢笔帽套到笔尖上。

🧠 博士揭秘

实验"手掌上有个洞"已经解释了两只眼睛的视力范围不同，存在着视差。我们要依靠左右眼的视差来测定物体的位置和距离，一只眼睛无法判断出物体的准确距离，所以无法成功套上笔帽。

⚗ 小拓展

这种类型的实验较多，如闭上一只眼睛，让两支削尖了的铅笔头碰在一起。你可以自己"创造"类似的实验做做。

61 🚀 瞳孔瞬间缩小

甄知：我发现一个惊天大秘密！

甄理：什么秘密呀？

甄知：我们的瞳孔有时大有时小。

甄理：是的，你观察得真仔细。来，我们一起做个实验看看。

🪐 先来做点准备工作吧

1面镜子、1只手电筒

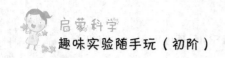

❋ 开始行动吧

1 请拿起镜子，注视镜子中自己眼睛的瞳孔——黑眼珠中央的深色眼仁。

2 让伙伴打开手电筒，从侧面照射你的眼睛。

3 观察镜子里的瞳孔有什么变化。

观察现象

当手电筒打开后，你会发现，自己的瞳孔迅速缩小了。

博士揭秘

眼睛的瞳孔大小会随光线强度的变化而改变：在暗处时瞳孔会变大，这样可以增加进入眼中的光线；在光线强烈处，瞳孔只张开一点点，这样可以减少进入眼中的光线，便于看清物体。

小拓展

照相机是根据眼睛的结构原理制造的：照相机的镜头相当于眼球的晶状体，透明、有弹性；照相机光圈是一个用来控制光线的装置，相当于眼睛的瞳孔。

62 　说出看到的颜色

甄知：你来看看，这是什么颜色？

甄理：红色呀。

甄知：嘻嘻，那这个呢？

甄理：嗯——绿色。呀，不对，还是红色。

先来做点准备工作吧

1张白纸、1盒彩笔、1卷胶带

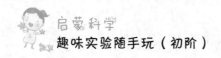

开始行动吧

1 在白纸上用彩笔写出若干表示颜色的词组，如“红色”“蓝色”“绿色”等。不过每一个词组所表示的颜色一定要与书写所用彩笔的颜色不同，比如用红色笔写“蓝色”，而用蓝色笔写“绿色”。

2 用胶带把纸贴在墙上，尝试说出每个词组的颜色。

3 让伙伴说出每个词组的书写颜色。

观察现象

在这个实验中，大家会经常将词组的书写颜色说错。

博士揭秘

人类的大脑由左、右半球组成，两个半球紧密配合，各有强项。比如左半球主要负责语言、概念和逻辑思维，右半球主要负责空间、色彩和音乐等方面，它也主导着我们的创造性和感觉。大多数人的左半球发达一些，因为人们更喜欢用逻辑来处理问题，而直觉则常常被压制，所以对于多数人来说，读出词组要比说出词组的书写颜色更容易。

63 双手感觉不一样

甄知：我们左右手的感受总是一样的吗？

甄理：当然一样啊，它们同为我们身体的一部分。

甄知：这个可不一定，两只手也许会有不同的感受。

甄理：那我们试试看吧。

先来做点准备工作吧

3 碗水：冷的、温的、热的

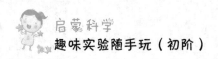
✳ 开始行动吧

1 把 3 碗水放在桌子上，按照热水、冷水、温水的顺序排列好。

2 把左手放在冷水中，右手放在热水中浸泡，持续一会儿。

3 拿出双手，同时将双手放进温水中。

🧪 观察现象

两只手的感觉竟然是矛盾的：左手感觉到水是热的，而右手感觉到水是凉的。

🧠 博士揭秘

热与冷是相对的，这和所选的参照物有关。两只手放到同一碗水中后，仍会以先前的水做参照物，所以对温度的感觉不同。在冷水里浸泡过的左手会以冷水为参照，感觉温水是热的，右手在热水里浸泡之后，会以热水为参照，感觉温水是凉的。

64 "不听话"的小腿

甄知：你能控制自己的小腿吗？

甄理：我的小腿我做主，我让它跳它就跳，我不让它跳它就不会跳！

甄知：嘻嘻，别这么说。今天这个实验告诉你，你的小腿有时也会"不听话"。

先来做点准备工作吧

1 把椅子

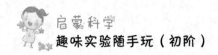

✳ 开始行动吧

1 自己坐在椅子上，一条腿搭在另一条腿上。

2 请伙伴用手掌内侧边缘快速地敲击搭在上面的那条腿膝盖下方的韧带部位。

观察现象

每次敲击，小腿就会不由自主地弹起来，根本不受自己的控制。

博士揭秘

在膝盖半屈、小腿自然下垂的状态，敲击膝盖下方的韧带，腿部肌肉会将这一刺激信息传至脊髓里的神经中枢，神经中枢接到信号后立即传递给大腿肌肉，肌肉自然收缩，拉动小腿向前踢。人们把这种现象称为"膝跳反射"。这一过程没有大脑的参与，所以你会产生小腿不听使唤的感觉。

65 能"听"声音的牙齿

甄知：你能用牙齿听声音吗？

甄理：这怎么可能？

甄知：当然可以啦。

甄理：哇，这么神奇！你是怎么听到的？我也想听。

先来做点准备工作吧

1 把金属叉子、1 把金属勺子

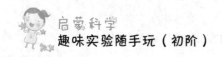

✳ 开始行动吧

1 用勺子敲一下叉子。

2 把叉子放在嘴里，轻轻咬住，感受是否能听到声音。

3 松开牙齿，感受是否能听到声音。

👁 观察现象

轻轻咬住叉子时，能听见一种声音；松开牙齿，声音马上就消失了。

🧠 博士揭秘

我们之所以能听见声音，是物体振动产生声波，声波通过空气、固体和液体等介质传播，被我们的听觉器官所感知的缘故。牙齿不是耳朵，我们听到的其实是通过牙齿和骨骼传递到耳蜗的叉子振动的声音，这种声音的传导方式被称为"骨传导"。

🍶 小拓展

近年来，骨传导耳机受到大众的喜欢。骨传导耳机不插入耳道，通过骨头振动传导声音。这种耳机能够过滤掉电流电音，提供更纯粹的声音体验。

66 "失灵"的舌头

甄知：我们通常是靠哪个器官来尝味道呢？

甄理：当然是舌头。

甄知：如果鼻子不帮忙，舌头还能品尝出食物的味道来吗？

甄理：应该可以吧……我不确定，要不咱们试试看。

先来做点准备工作吧

1 个夹子、3 个玻璃杯、1 瓶可乐、1 瓶雪碧、1 瓶芬达

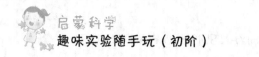

❀ 开始行动吧

1 让伙伴闭上眼睛，用夹子夹住他的鼻子（注意选择不会夹痛鼻子的夹子），保证小伙伴闻不到任何气味。

2 在3个玻璃杯中分别倒入三种饮料，让伙伴细细地品味，然后回答喝的是什么。

3 然后把伙伴鼻子上的夹子松开，再重复上述的过程。

👁 观察现象

夹住鼻子后，无法分辨出喝的是什么；松开夹子，就能得出正确的答案。

🧠 博士揭秘

舌头上的味蕾只能分辨甜、酸、咸和苦等几种味道，而不能准确辨别食物的种类。当视觉和嗅觉被屏蔽后，单靠味蕾很难辨别出食物的味道，尤其是口味相似的食物。对任何一种食物而言，只有当嗅觉也发挥作用时，我们才能够准确品尝出它的味道。

67 白花变成五色花

甄知：快看呀！妈妈买回来很多玫瑰花。

甄理：怎么都是白色的啊？我喜欢不同颜色的花。

甄知：这个好办，看我来给你变个魔术——白花变成五色花。

甄理：真的吗？还有这么神奇的魔术。

先来做点准备工作吧

5枝白色玫瑰花、5种不同颜色的食用色素、5个玻璃杯、1把剪刀、水

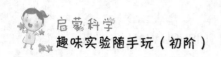

✲ 开始行动吧

1 向 5 个玻璃杯中各倒入一定量的水，将 5 种不同颜色的食用色素分别加入 5 个玻璃杯中。

2 用剪刀把 5 枝白花的枝干各剪出一个斜斜的切口，分别插进 5 个玻璃杯中。

3 耐心等待一夜，看看白色花变成了什么颜色。

🧪 观察现象

第二天，白色花已经变成五色花了。

🧠 博士揭秘

植物的茎干内有许多细细的导管，植物通过这些导管输送水分至叶子和花瓣。白花的枝干吸收了染过色的水后，把这些水输送到花瓣，花瓣就改变了颜色。

68 🚀 青香蕉快速成熟

甄知：妈妈买了好多青香蕉，能保存一段时间。

甄理：可是青香蕉不能吃啊，我想尽快吃到香蕉。

甄知：那我们想个办法来催熟青香蕉。

甄理：太好了！

🪐 先来做点准备工作吧

2 根未成熟的青香蕉、1 个熟苹果、1 个塑料袋、1

根细绳

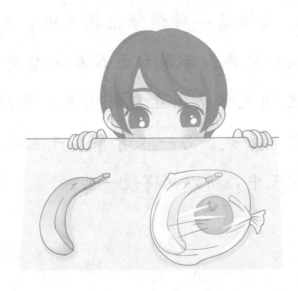

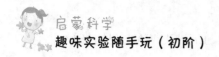
❀ 开始行动吧

1 把1根青香蕉和1个熟苹果放进塑料袋里，用线把袋口扎紧。

2 另外1根香蕉放在房间里，不做任何处理。

3 几天后，观察两根香蕉的变化。

🧪 观察现象

几天后，袋子里的青香蕉变黄了，而另一根香蕉基本上还是青的。

🧠 博士揭秘

熟苹果可以产生乙烯气体，香蕉自身也可以产生少量乙烯气体，乙烯是一种调节植物生长、发育的激素，可以加快果实的成熟。苹果和香蕉放入塑料袋中，它们散发出来的乙烯气体被困在塑料袋里，浓度越来越大，能够较快地催熟香蕉。另一根青香蕉产生的少量乙烯气体，散失在空气中，所以熟得慢一些。

神秘的空间

69 🚀 莫比乌斯带

甄知：你看看这个纸带有几个面？

甄理：当然是两个面呀，这么简单的问题。

甄知：你再看看……

甄理：咦，怎么好像只有一个面？

甄知：让我来教你做这个纸带吧。

🪐 先来做点准备工作吧

1 张纸、1 把小刀、1 支
铅笔、1 瓶胶水

⚛ 开始行动吧

1 沿纸张的一条边，折
一条细长状纸带，用小刀把

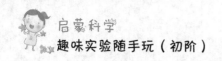
纸带裁下来。

2 把纸带扭转180°，然后用胶水将纸带的两端粘起来，制作好的纸带像"8"字形。

3 用铅笔在纸带的任意一点开始，沿长边画一条线。

观察现象

线在不断开的情况下，最后回到了起点。

博士揭秘

实验中做成的纸带被称为莫比乌斯带，它具有一些魔术般的性质。比如，它没有所谓的正反两面，只有一个曲面，所以我们能在纸带上画一条首尾相连的线。

小拓展

"莫比乌斯带"在生活中有一些应用。例如，人们把用来传送动力机械的皮带做成"莫比乌斯带"的形状，这样皮带可以磨损的面积变大，使用时间更长。

70 🚀 无法对折 9 次

甄知：敢不敢打个赌？

甄理：赌什么呀？

甄知：你能把一张纸对折 9 次吗？成功的话，我就把零花钱送你。

甄理：嘿嘿，那你的零花钱我可是拿定了。

🪐 先来做点准备工作吧

1 张纸

⚛ 开始行动吧

1️⃣ 将纸张铺好，对折一次。

2️⃣ 继续将纸张对折，对折 2 次、3 次、4 次……

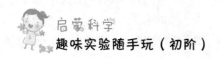

3 不断对折，看看最终能对折几次。

观察现象

只要你选取的是普通纸张，无论纸张多大，你都无法将纸张对折 9 次。

博士揭秘

纸张对折 1 次后变为 2 层，对折 2 次后变成 4 层，3 次对折后变成 8 层……每对折一次，页数就会增加 1 倍。当对折到第八次时，纸张已经 256 层厚了。纸张有韧性，在弯曲过程中绷得越紧，张力越大，易使纸张破裂，而且对折次数到一定程度，一般人无法克服此时纸张的张力。所以我们日常见到的纸张是无法对折 9 次的。

小拓展

无法对折 9 次是一种常规说法，主要是日常见到的纸张是无法对折 9 次的。有人曾做过实验，用 1 000 米长的新闻纸，人工对折了 10 次，又借助汽车碾压，对折出第 11 次，但纸张已变得破烂不堪。在国外的一所学校，师生用 54 000 英尺（约 16 460 米）的厕纸完成了对折 13 次。